英国数学真简单团队/编著　华云鹏 王盈成/译

DK儿童数学分级阅读 第一辑

测量

数学真简单！

電子工業出版社
Publishing House of Electronics Industry
北京 · BEIJING

版权贸易合同登记号　图字：01-2024-1980

图书在版编目（CIP）数据

DK儿童数学分级阅读. 第一辑. 测量 / 英国数学真简单团队编著；华云鹏，王盈成译. --北京：电子工业出版社，2024.5
ISBN 978-7-121-47658-7

Ⅰ. ①D…　Ⅱ. ①英…　②华…　③王…　Ⅲ. ①数学－儿童读物　Ⅳ. ①O1-49

中国国家版本馆CIP数据核字（2024）第070401号

出版社感谢以下作者和顾问：Andy Psarianos, Judy Hornigold, Adam Gifford和Anne Hermanson博士。
已获Colophon Foundry的许可使用Castledown字体。

责任编辑：翟夏月
印　　刷：鸿博昊天科技有限公司
装　　订：鸿博昊天科技有限公司
出版发行：电子工业出版社
　　　　　北京市海淀区万寿路173信箱　　邮编：100036
开　　本：889×1194　1/16　印张：18　　字数：303千字
版　　次：2024年5月第1版
印　　次：2024年11月第2次印刷
定　　价：128.00元（全6册）

凡所购买电子工业出版社图书有缺损问题，请向购买书店调换。若书店售缺，请与本社发行部联系，联系及邮购电话：（010）88254888，88258888。
质量投诉请发邮件至zlts@phei.com.cn，盗版侵权举报请发邮件至dbqq@phei.com.cn。
本书咨询联系方式：（010）88254161转1821，zhaixy@phei.com.cn。

www.dk.com

目录

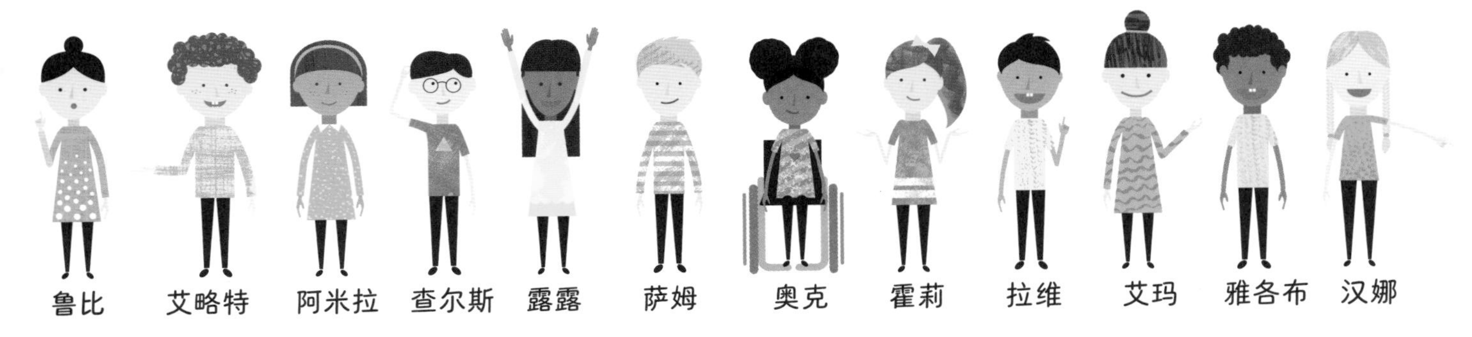

鲁比
艾略特
阿米拉
查尔斯
露露
萨姆
奥克
霍莉
拉维
艾玛
雅各布
汉娜

比高低

准备

三座积木的高低顺序

如何排列？

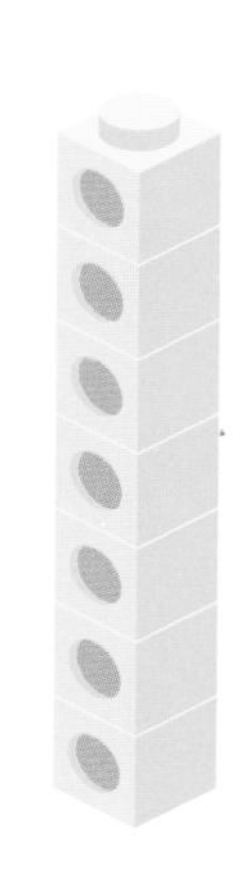

举例

 最高，比 和 都高。

最矮，比 和 都矮。

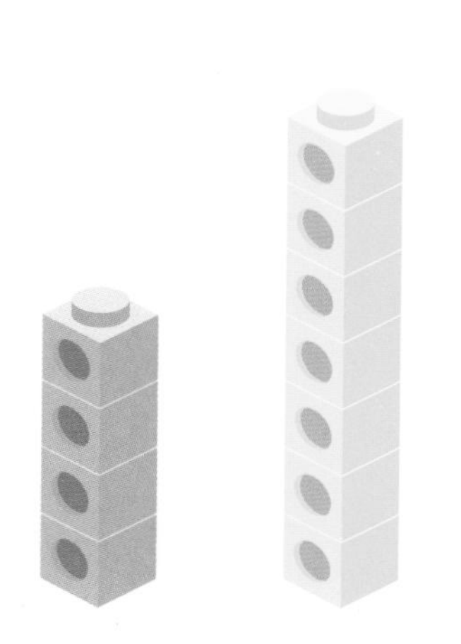

我们可以按照由矮到高的顺序给它们排排队。

练 习

1

房子1　　房子2　　房子3

(1) 用高或低填空。

(房子1) 比 (房子2) ______

(房子2) 比 (房子3) ______

(2) 按照由高到低的顺序给这三座房子排排队。

______，______，______

2

大树1　　大树2　　大树3　　大树4

用高或低填空。

(1) 大树1比大树2 ______。

(2) 大树3比大树1 ______。

(3) 大树2比大树4 ______。

(4) 大树4比大树1，2，3 ______。

(5) 大树3比大树1，2，4 ______。

比长短

第2课

准备

雅各布把蜡笔排成一排。

我们怎么比较蜡笔的长短？

举例

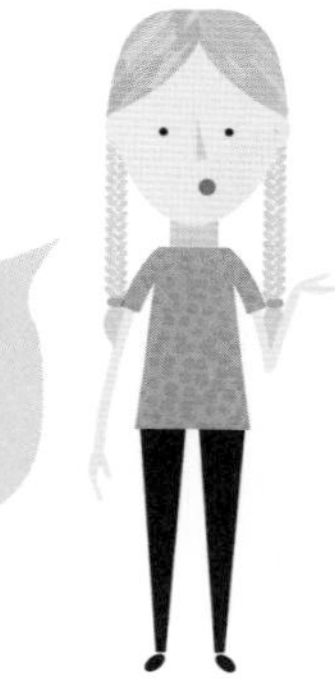

蜡笔的长度都不一样。

蜡笔有不同的长度。

最长。

最短。

最长的意思是比其他任何一支都长。

我们可以按照从长到短的顺序给蜡笔排排队。

练 习

1 圈出最长的物体。

(1)

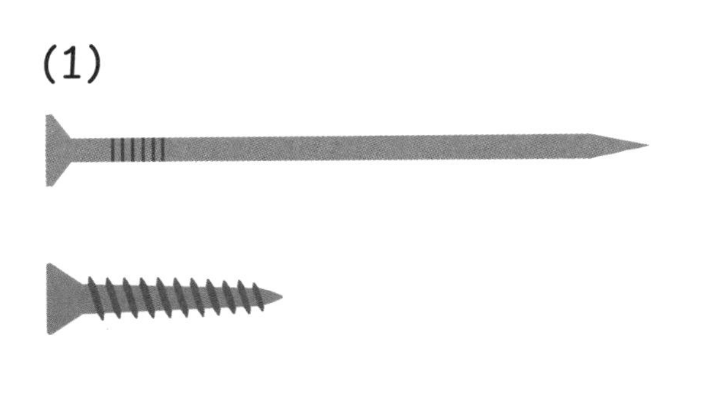

(2)

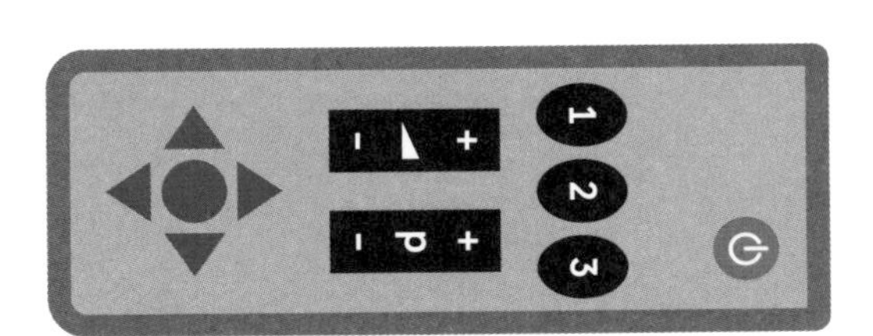

2 圈出最短的物体。

(1)

(2)

3 按照从短到长的顺序给薄荷糖、螺丝钉和手表排排队。

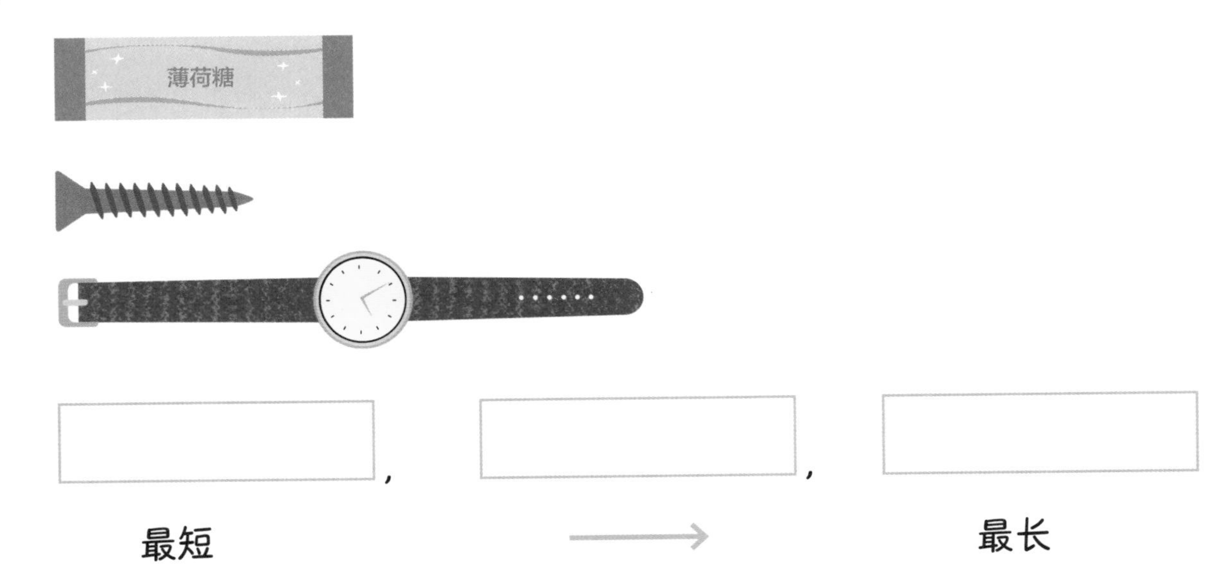

用参照物测量物体

第3课

准备

哪个铅笔袋更长？
我们该怎么去比较呢？

举例

我们可以用参照物来测量物体。

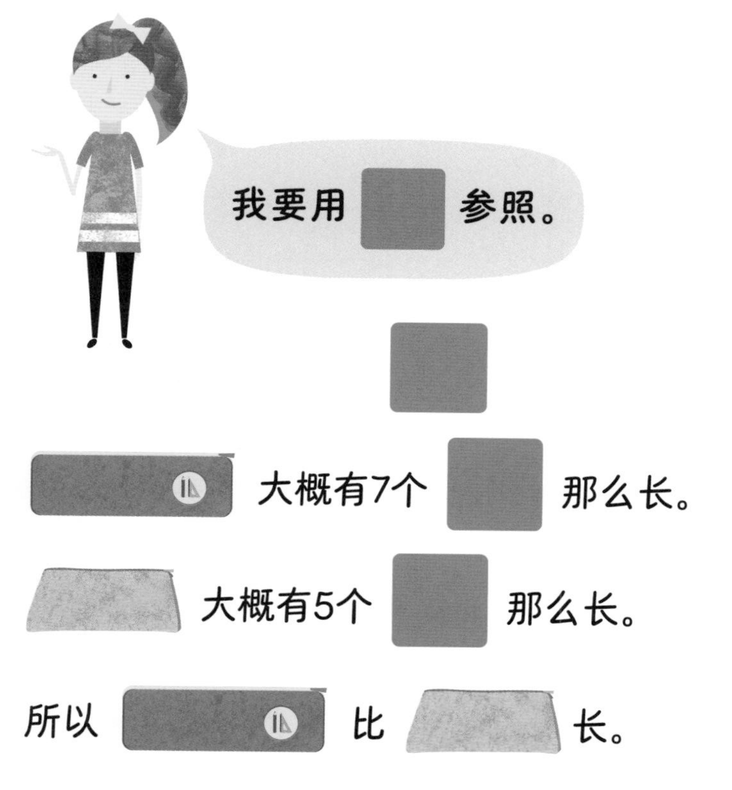

大概有7个 那么长。

大概有5个 那么长。

所以 比 长。

我们可以用参照物来测量高度。

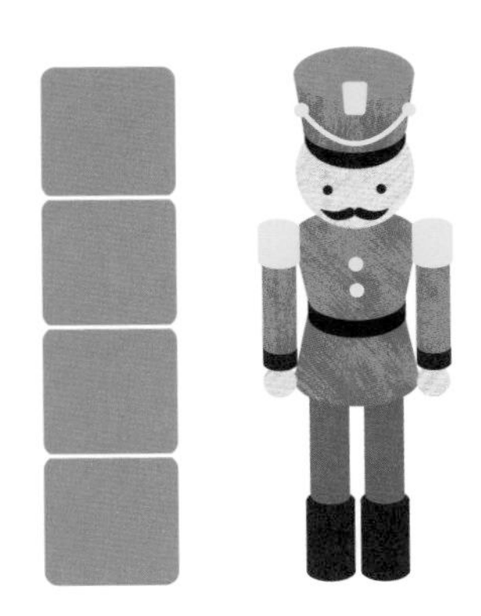

玩偶的高度大概是四块  。

练 习

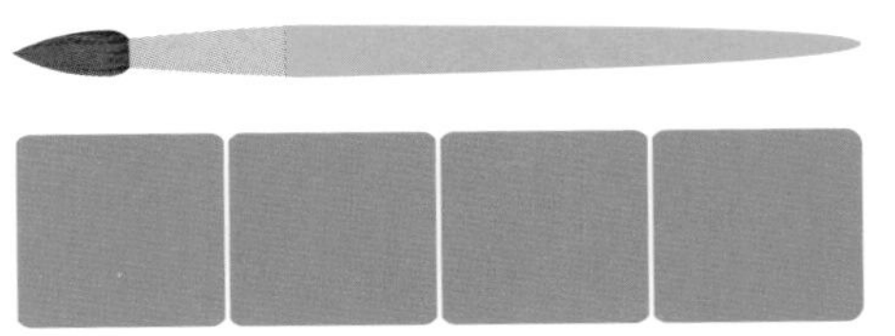

(1) 大约有 □ 块 ■ 那么长。

(2) 大约有 □ 块 ■ 那么长。

(3) 比 □ 。

2

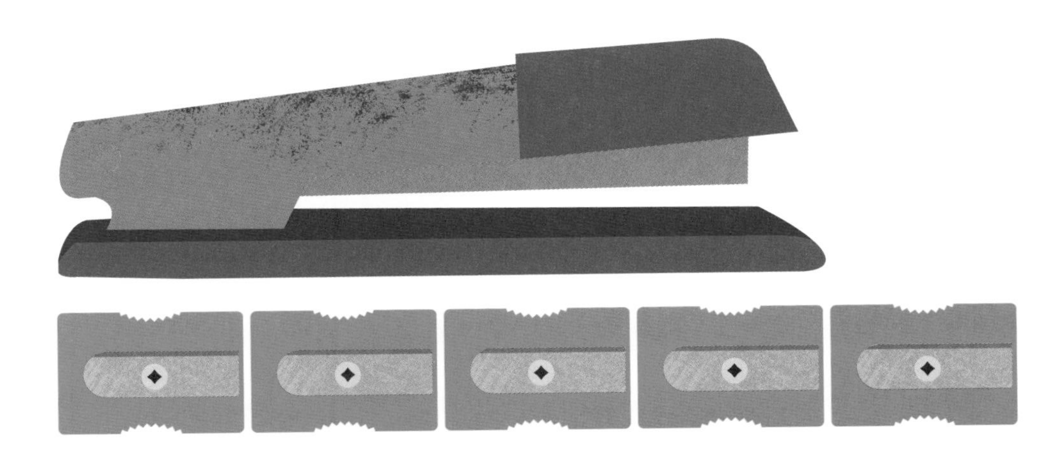

订书机大约有 □ 个卷笔刀那么长。

用身体部位测量

第 4 课

准 备

这盆植物有几只手掌高？

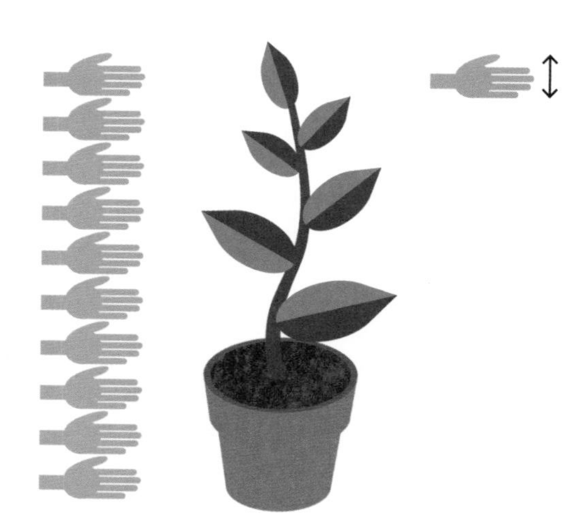

举 例

你可以横着手来测量。
这盆植物大约有10只手掌那么高。

如果我们把手掌竖过来，这盆植物大约是5只手掌那么高。

如果我们把手竖起来呢？植物还是大约10只手掌那么高吗？

我们可以说，1只手掌是1个测量单位。

我打算用我的脚作为测量单位。

这块地毯的长度大约是7只脚那么长。

练习

1 数一数有多个手掌。

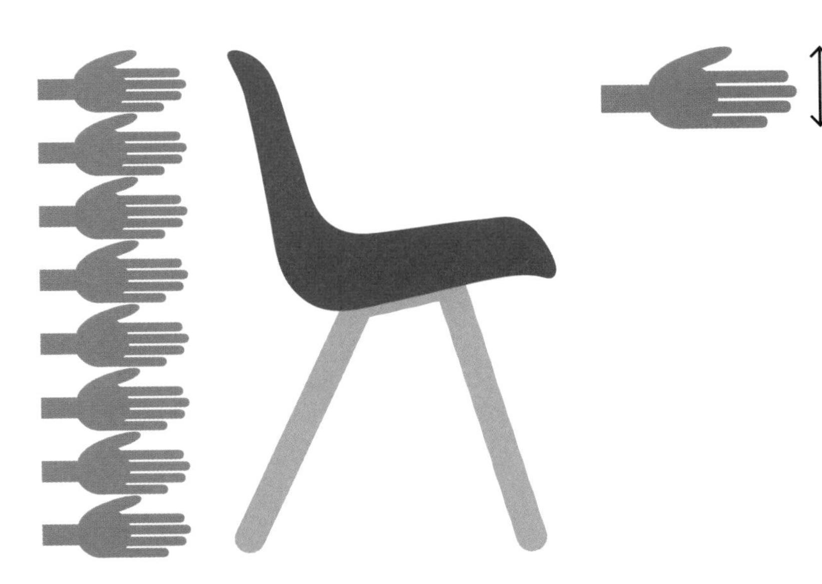

一只手掌的距离可以看作是1个单位。

2 用一只脚的长度作为1个单位，来测量你的床。

我的床大约有 ☐ 只脚那么长。

3 用一只手的长度作为1个单位，来测量你的床。

我的床大约有 ☐ 只手那么长。

用尺子测量长度和高度

第5课

准备

这支笔有多长？

这个杯子有多高？

举例

我们可以用尺子测量物体。

可以测量出这支笔是10厘米，所以笔的长度是10厘米。

要将物体的一端对齐尺子上的0厘米。

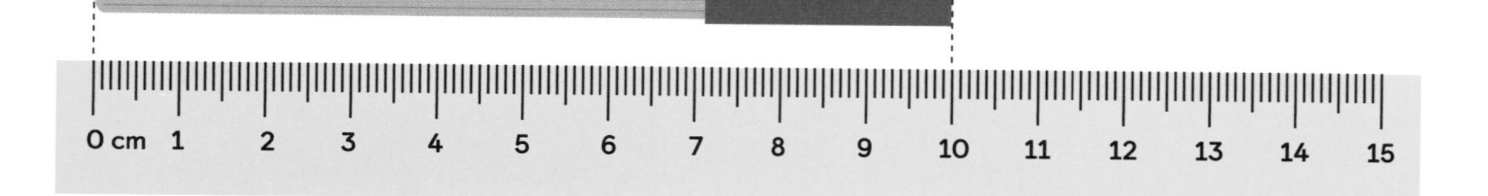

我们量出杯子是8厘米。
所以杯子的高度是8厘米。

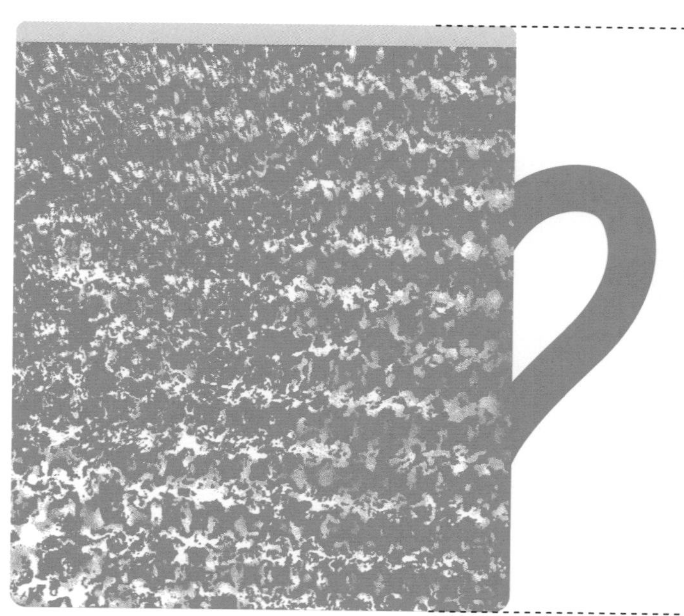

练习

1 用尺子量一量下面的线段。

(1) □厘米

(2) □厘米

(3) □厘米

(4) □厘米

2 用尺子量一量长度。

(1) □厘米

(2) □厘米

3 找出你最喜欢的玩具，用尺子量一量长度或高度，把测量结果写入下表。

玩具	长度或高度	厘米
泰迪熊		

先后顺序

第 6 课

准 备

查尔斯正在做三明治。

我们该如何描述他的步骤呢？

举 例

我们可以用然后，之前和之后等词来描述事情的先后顺序。

做三明治之前，查尔斯先洗了手。

然后，他拿起两片面包。

然后，他把奶酪和西红柿放在一片面包上。

然后，他把另一片面包放在最上面。

做好三明治之后，他坐下吃掉了三明治。

练 习

1 昨晚，拉维做过这些事情。

第一件事	第二件事	第三件事	第四件事
玩玩具	看故事书	看电视	上床睡觉

(1) 拉维在看故事书之前做了什么？

(2) 拉维看完电视之后做了什么？

(3) 拉维在下午5点玩了玩具，然后他做了什么？

2 根据上面的故事，圈出正确的词语。

(1) 拉维在看电视之后/之前玩了玩具。

(2) 拉维上床睡觉之前/之后看了故事书。

(3) 拉维看了故事书，然后就去看电视/上床睡觉了。

认识时间——钟表

第7课

准备

钟表上的时间是几点？

举例

分针比时针长。

分针 → 显示分钟。

时针 → 显示小时。

 这是分针。

 这是时针。

时针指向2，分针指向12。

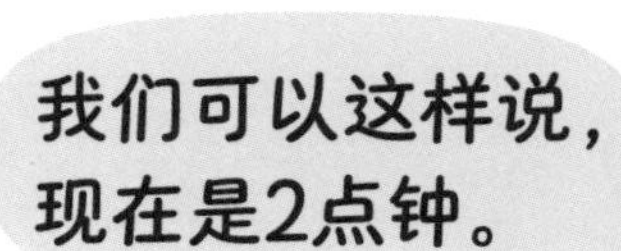

我们可以这样说，现在是2点钟。

钟表上的时间是2点钟。

练习

1 写一写钟表上的时间。

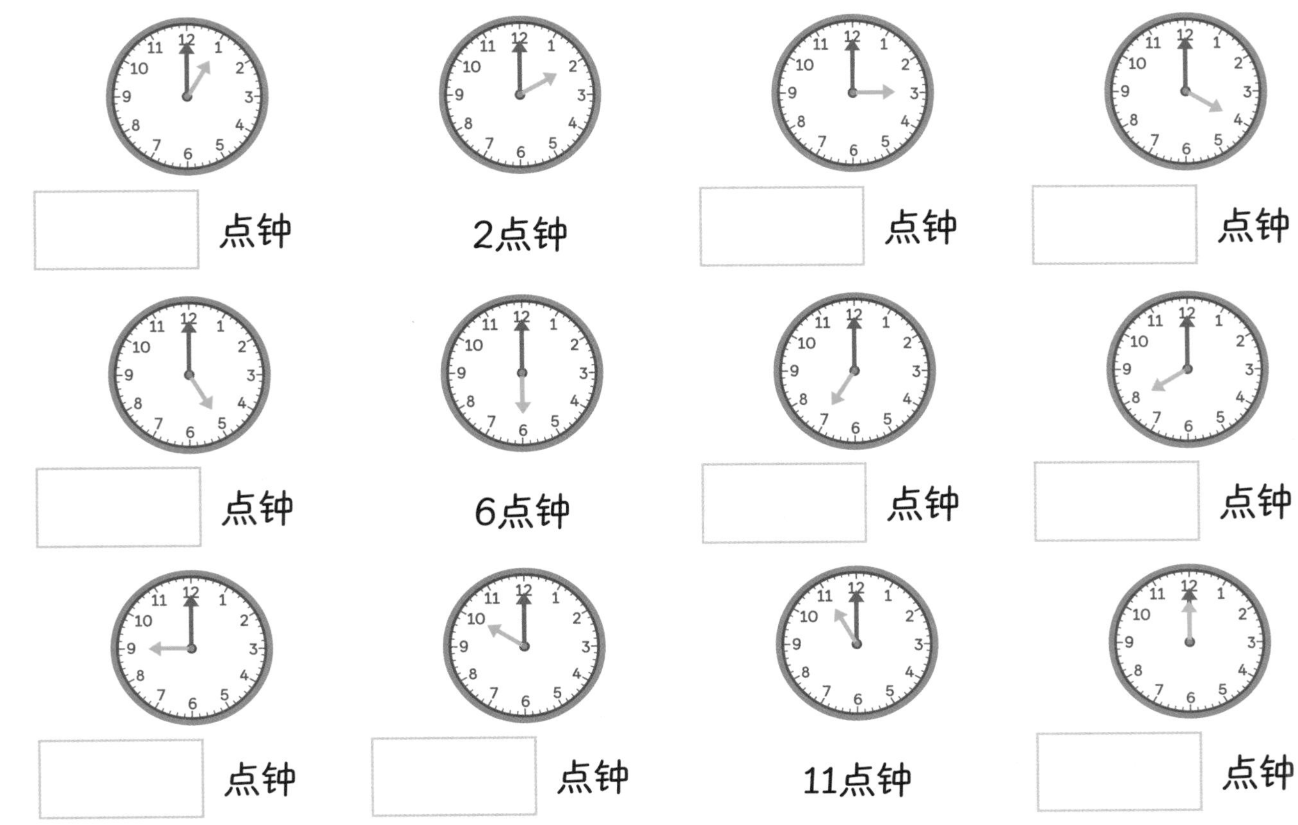

2 根据时间，画一画钟表上的时针和分针。

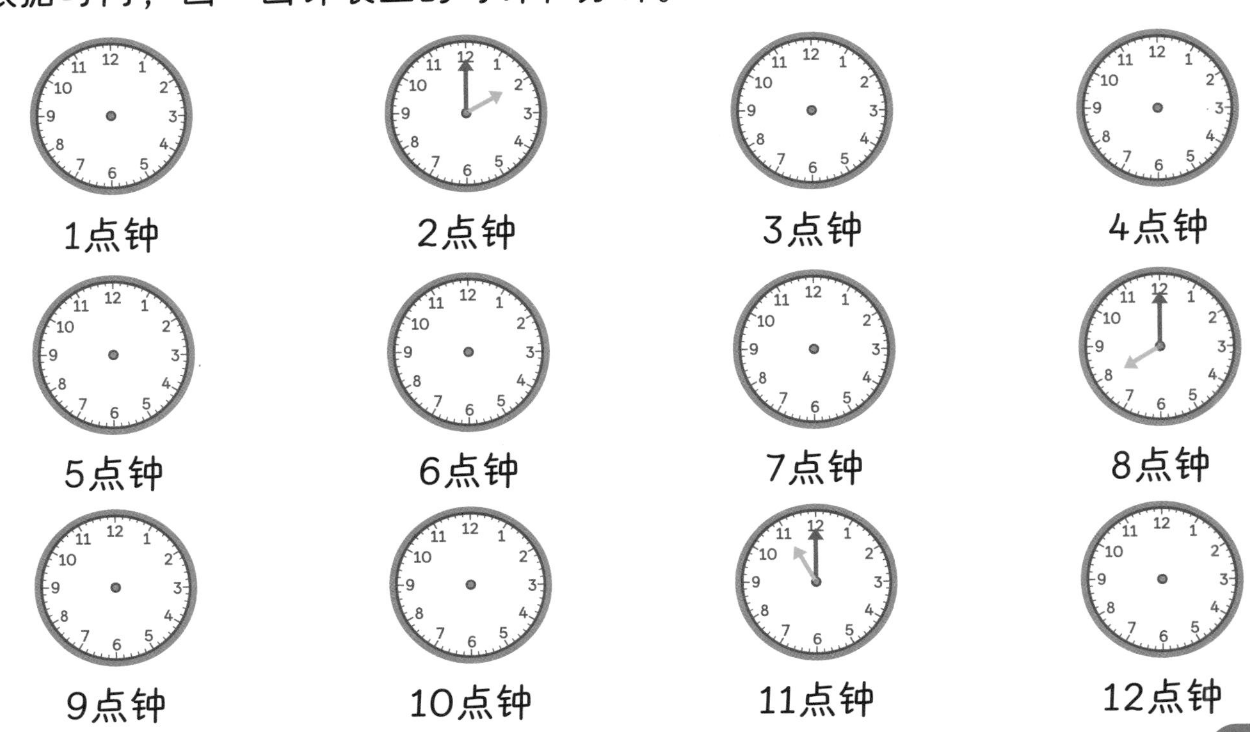

认识时间——半小时

第 8 课

准备

汉娜上学的时间是几点？

我们可以这样说，
现在是八点半。

举例

分针指向6，意思是指针
已经走过表盘的一半。

时针在8和9之间，
时针已经走过了8点。

汉娜上学的时间是八点半。

练 习

1 写一写钟表上的时间。

8:30

2 按照时间，在表盘上画一画时针和分针。

8点半

9点半

12点半

2点半

5点半

6点半

估算时间

准 备

你能在1秒内做什么？

1分钟有多长？

1小时又有多长？

举 例

在1秒内，你能把足球踢出去。

在1分钟内，你能吹起一个气球。

在1小时内，你能打一场网球比赛。

练 习

用秒、分钟、小时填空。

1. 洗碗大约要用20 ______ 。

2. 骑单车游玩大约需要2 ______ 。

3. 打一个喷嚏大约需要2 ______ 。

4. 洗澡大约需要30 ______ 。

5. 你每天在校时间大约是7 ______ 。

比较用时

准备

谁更快？

谁比较慢？

举例

鲁比  和露露  在同一时间开始比赛。
露露比鲁比早到达终点。
鲁比比露露晚到达终点。

露露比鲁比快。
鲁比比露露慢。

快意味着用时少。

慢意味着用时多。

练 习

1 用快、慢、早、晚比较并填空。

(1) 坐飞机比开车 ______ 。

(2) 乌龟的速度比豹子 ______ 。

(3) 跑步比走路 ______ 。

(4) 汉娜昨天7点钟睡醒，今天8点钟睡醒。汉娜今天醒得 ______ 。

(5) 艾略特5点钟开始看电视，查尔斯5点半开始看电视。

艾略特开始看电视的时间比查尔斯 ______ 。

2 用快、慢、早、晚造一些句。

(1) ______________________________

____

(2) ______________________________

____

(3) ______________________________

____

(4) ______________________________

____

认识月份

第11课

准 备

一年中有多少个月？

2025年日历

一月

一	二	三	四	五	六	七
		1	2	3	4	5
6	7	8	9	10	11	12
13	14	15	16	17	18	19
20	21	22	23	24	25	26
27	28	29	30	31		

二月

一	二	三	四	五	六	七
					1	2
3	4	5	6	7	8	9
10	11	12	13	14	15	16
17	18	19	20	21	22	23
24	25	26	27	28		

三月

一	二	三	四	五	六	七
					1	2
3	4	5	6	7	8	9
10	11	12	13	14	15	16
17	18	19	20	21	22	23
24	25	26	27	28	29	30
31						

四月

一	二	三	四	五	六	七
	1	2	3	4	5	6
7	8	9	10	11	12	13
14	15	16	17	18	19	20
21	22	23	24	25	26	27
28	29	30				

五月

一	二	三	四	五	六	七
			1	2	3	4
5	6	7	8	9	10	11
12	13	14	15	16	17	18
19	20	21	22	23	24	25
26	27	28	29	30	31	

六月

一	二	三	四	五	六	七
						1
2	3	4	5	6	7	8
9	10	11	12	13	14	15
16	17	18	19	20	21	22
23	24	25	26	27	28	29
30						

七月

一	二	三	四	五	六	七
	1	2	3	4	5	6
7	8	9	10	11	12	13
14	15	16	17	18	19	20
21	22	23	24	25	26	27
28	29	30	31			

八月

一	二	三	四	五	六	七
				1	2	3
4	5	6	7	8	9	10
11	12	13	14	15	16	17
18	19	20	21	22	23	24
25	26	27	28	29	30	31

九月

一	二	三	四	五	六	七
1	2	3	4	5	6	7
8	9	10	11	12	13	14
15	16	17	18	19	20	21
22	23	24	25	26	27	28
29	30					

十月

一	二	三	四	五	六	七
		1	2	3	4	5
6	7	8	9	10	11	12
13	14	15	16	17	18	19
20	21	22	23	24	25	26
27	28	29	30	31		

十一月

一	二	三	四	五	六	七
					1	2
3	4	5	6	7	8	9
10	11	12	13	14	15	16
17	18	19	20	21	22	23
24	25	26	27	28	29	30

十二月

一	二	三	四	五	六	七
1	2	3	4	5	6	7
8	9	10	11	12	13	14
15	16	17	18	19	20	21
22	23	24	25	26	27	28
29	30	31				

举 例

一年有12个月。

一月　二月　三月　四月

五月　六月　七月　八月

九月　十月　十一月　十二月

你是在哪个月出生的呢？

一年有4个季节

春季

夏季

秋季

冬季

春季：三月、四月、五月

夏季：六月、七月、八月

秋季：九月、十月、十一月

冬季：十二月、一月、二月

你是在哪个季节出生的呢？

练 习

1. ______ 是一年中的第一个月。
2. 一年有 ______ 个月。
3. 秋季在 ______ 之后，______ 之前。
4. 夏季的三个月是 ______，______ 和 ______。
5. 八月的前一个月是 ______。
6. ______ 是一年中的最后一个月。

认识星期

第12课

准备

你星期几去上学？

三月						
一	二	三	四	五	六	日
					1	2
3	4	5	6	7	8	9
10	11	12	13	14	15	16
17	18	19	20	21	22	23
24	25	26	27	28	29	30
31						

举例

一个星期分为：

星期一、星期二、星期三、星期四、星期五、星期六和星期日。

星期一到星期五要上学，周六和周日是周末，我们周末不上学。

练 习

1 看日历，填一填。

(1) 一个星期有多少天? ______

(2) 哪两天是周末?

______ ______

(3) 星期四之后是哪一天? ______

(4) 一个星期的第一天是星期几? ______

(5) 你每个星期上几天学? ______

2 七月有多少个星期? ______

七月

一	二	三	四	五	六	日
	1	2	3	4	5	6
7	8	9	10	11	12	13
14	15	16	17	18	19	20
21	22	23	24	25	26	27
28						

认识硬币

准 备

我们可以用硬币付款。
你知道这些硬币的面额吗？

举 例

这里有各种不同的硬币，我们可以用它们付款。
每个硬币的面额是不同的。

1角

5角

1元

硬币的大小和形状不代表
它的面额。

看一看硬币上的数字。

 1角

 1元

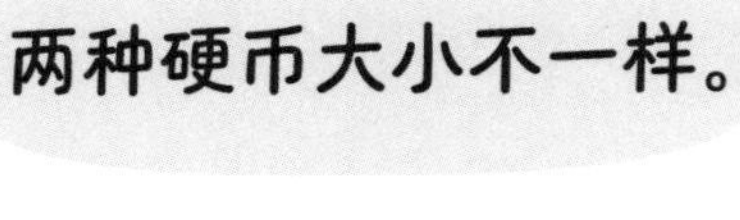

1元等于10角。

这些硬币上都有数字1， 的价值是1角。

 的价值是1元。

认识纸币

准备

艾玛用什么付的书钱？

举例

艾玛拿的是一张20元。
我们平时会使用5种不同的纸币。

1元

10元

20元

50元

100元

练 习

1 1元纸币是什么颜色的呢？

圈出所有1元纸币。

2 哪张纸币面额最高？

3 哪张纸币的面额最低？

4 找家里的大人要一张10元或20元的纸币。

看一看纸币背面，你看到了什么？

比较体积和容积

第15课

准备

我们如何形容瓶子里的水量呢？

举例

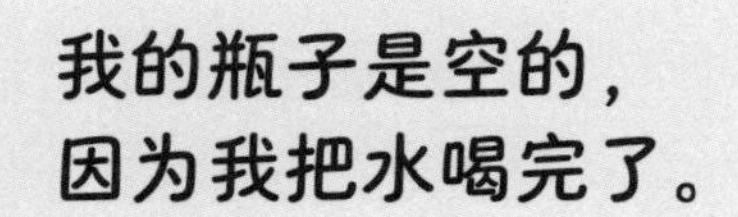

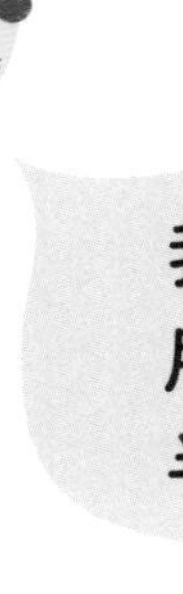

我们可以根据体积来形容每个人有多少水。
我的瓶子是空的，因为我把水喝完了。
我还没开始喝，所以我的瓶子还是满的。
我喝了一些水，所以我的瓶子是半满的。

阿米拉  的瓶子中水的体积比艾略特和拉维的大。

拉维  的瓶子中水的体积比艾略特  的小。

练 习

1

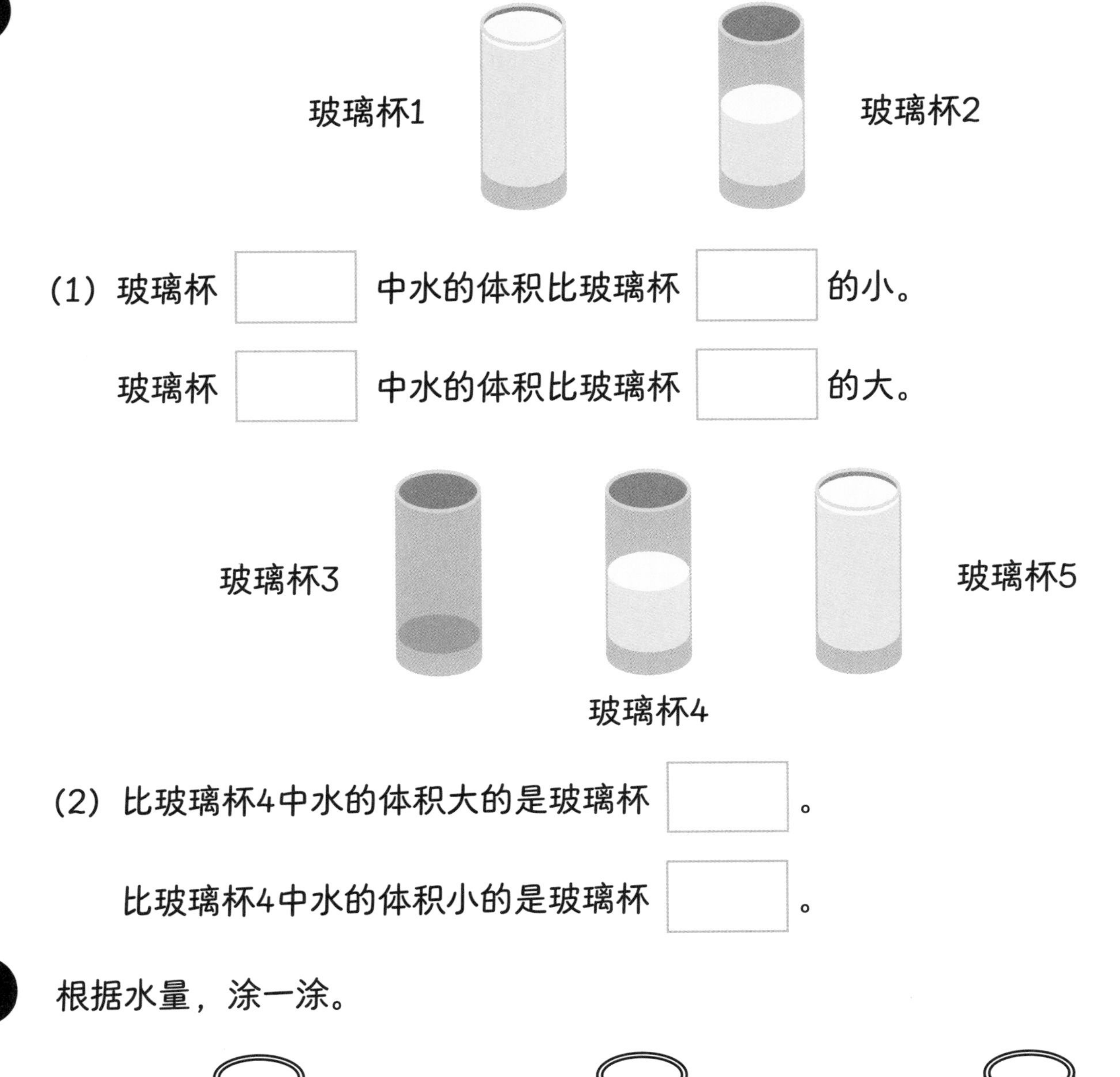

(1) 玻璃杯 ______ 中水的体积比玻璃杯 ______ 的小。

玻璃杯 ______ 中水的体积比玻璃杯 ______ 的大。

(2) 比玻璃杯4中水的体积大的是玻璃杯 ______。

比玻璃杯4中水的体积小的是玻璃杯 ______。

2 根据水量，涂一涂。

玻璃杯1是满的　　玻璃杯2是空的　　玻璃杯3是半满的

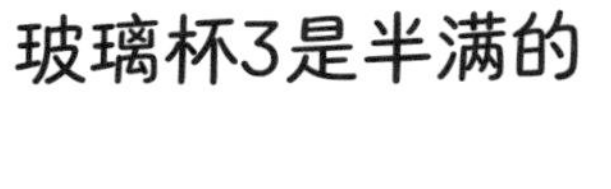

测量体积和容积

准备

哪个容器装的水多？

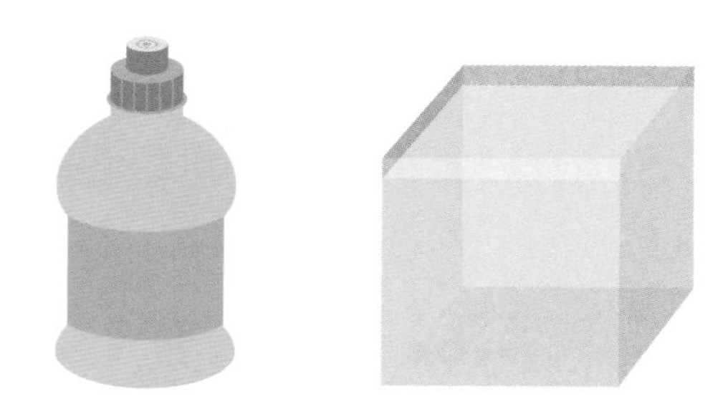

举例

我们可以用一杯水  作为测量单位。

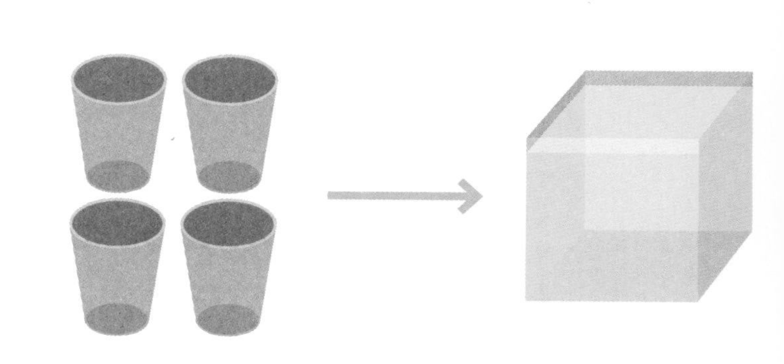

装满水箱需要4杯水。

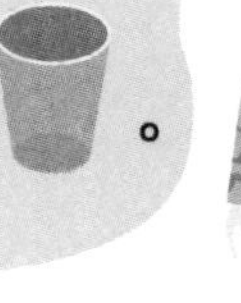

装满水桶需要3杯水。

容器所能容纳水的
最大体积叫作容积。

水箱装的水多，它的容积比水桶大。

练习

1 装满这些容器需要几杯水。

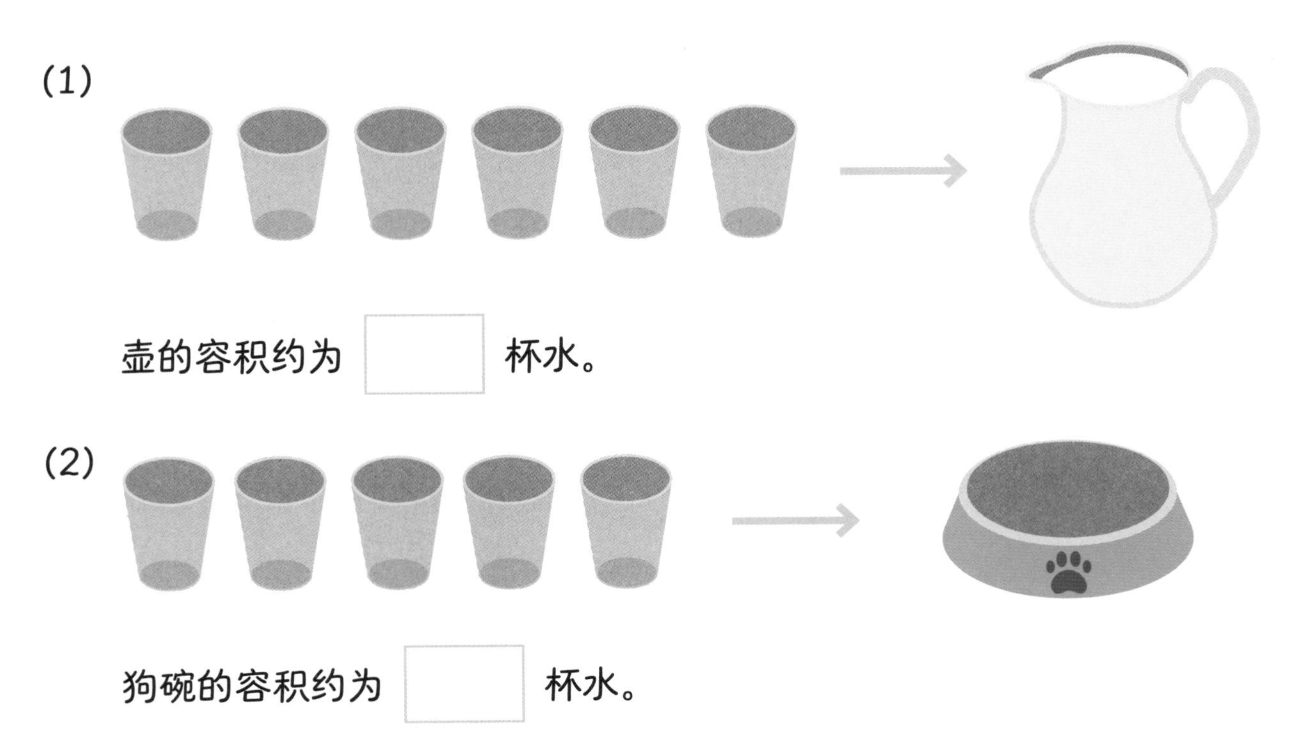

(1) 壶的容积约为 ☐ 杯水。

(2) 狗碗的容积约为 ☐ 杯水。

2 在家里试一试测量容积。在厨房里找找不同的容器，并测量每个容器的容积。数一数需要多少杯水才能装满它们，把你的结果写在下面。

容器	容积（几杯水）

描述容积

准备

几小杯水能装满这个大杯子？

举例

1

我用了2小杯水来装满大杯子。

小杯子的容积是大杯子的一半。

2

需要4小杯水才能装满花瓶。

小杯子的容积是花瓶的$\frac{1}{4}$。

练 习

观察图片，用$\frac{1}{2}$或$\frac{1}{4}$填空。

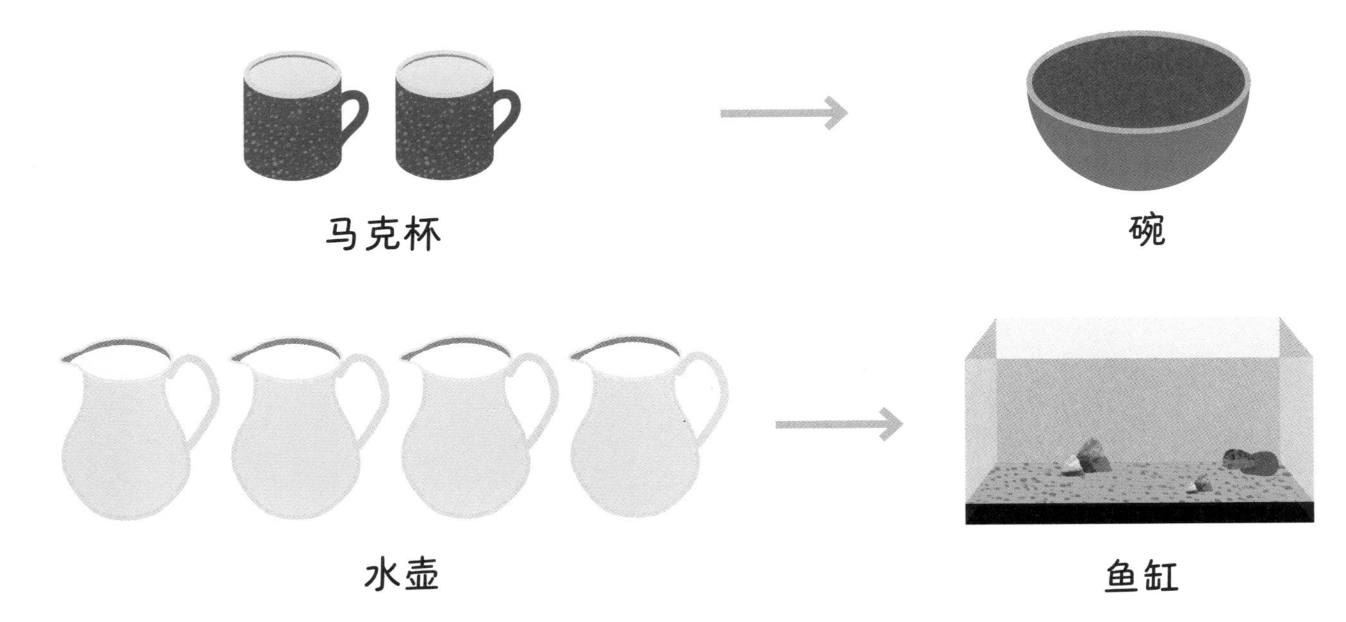

1. 将一整杯水倒入碗中后，碗里的水满了 ______ 。

2. 将一整壶水倒入鱼缸后，鱼缸的水满了 ______ 。

3. 将两壶水倒入鱼缸后，鱼缸的水满了 ______ 。

比较物体轻重

第18课

准备

你能比比这些物体的轻重吗？

举例

我把这些物体分成了两组。

轻的物体	重的物体

我们可以用天平来比较小一点的物体。

菠萝比画笔重，
画笔比菠萝轻。

这些胶水和一个笔记本
一样重。

练习

1. 用轻或重比较每行物体。

2. 对比物品的重量。

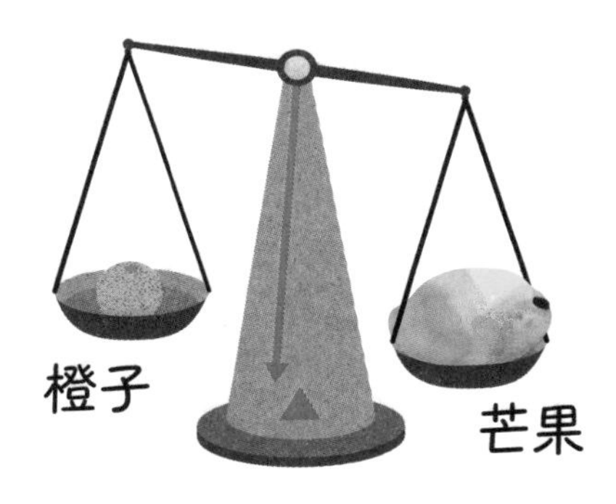

(1) ______ 比 ______ 重。

(2) ______ 比 ______ 轻。

测量质量

第19课

准备

我们怎么称出水果的质量呢？

举例

我们可以用1块积木的质量作为1个计量单位。

我们可以使用天平。

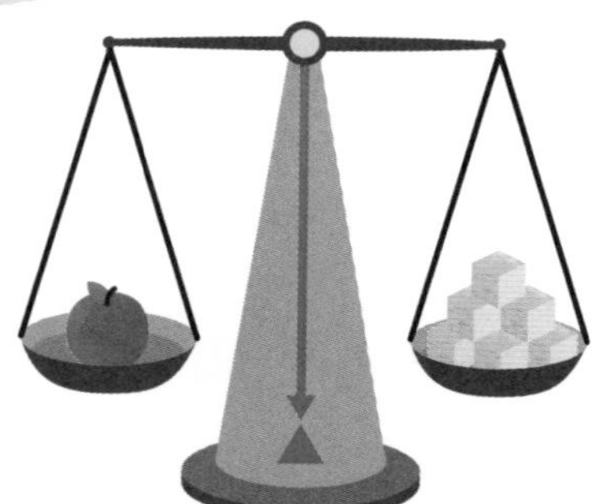

苹果的质量和6块积木一样。

苹果的质量是6个计量单位。

练 习

填写这些物品的重量。

1块积木 是1个计量单位。

1

香蕉的质量大约是  个计量单位

2

葡萄的质量与  块积木  的质量相同。

3

柠檬的质量与  块积木  的质量相同。

回顾与挑战

1 用高、最高、低、最低填空。

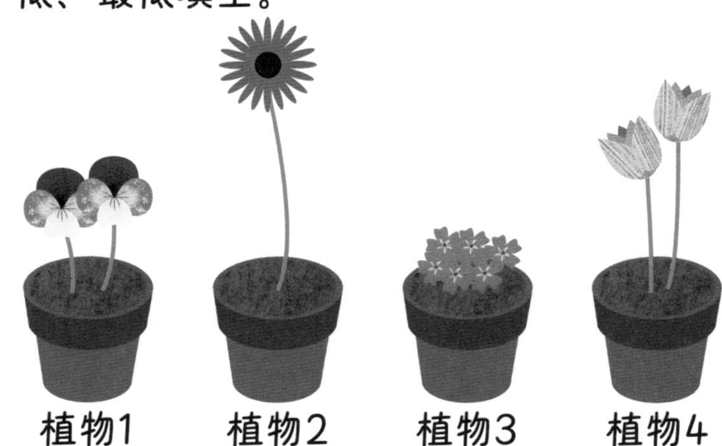

(1) 植物3 ______ 。

(2) 植物2 ______ 。

(3) 植物1比植物3 ______ 。

(4) 植物1比植物4 ______ 。

2 用卷笔刀测量这些物品的长度。

(1)

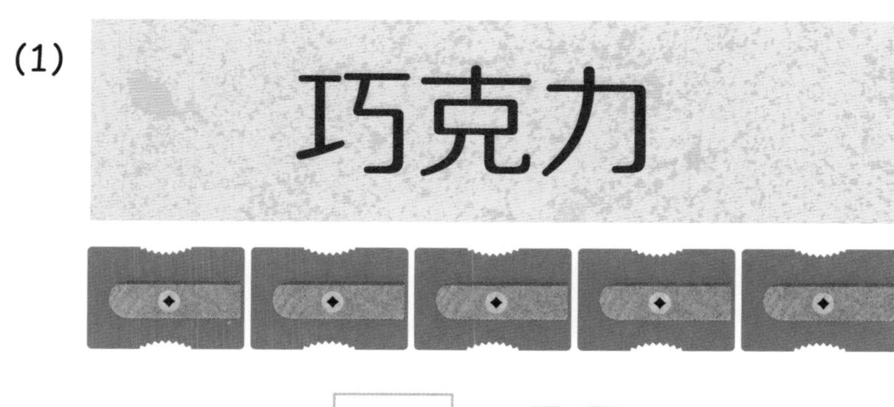

巧克力大约有 ______ 个 卷笔刀 那么长。

(2)

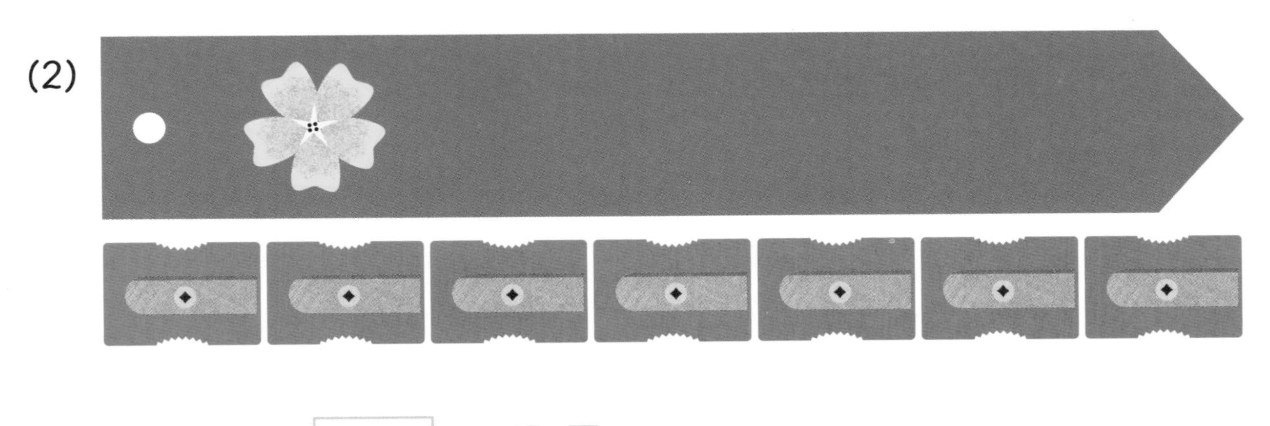

书签大约有 ______ 个 [卷笔刀] 那么长。

3 看时间，连一连。

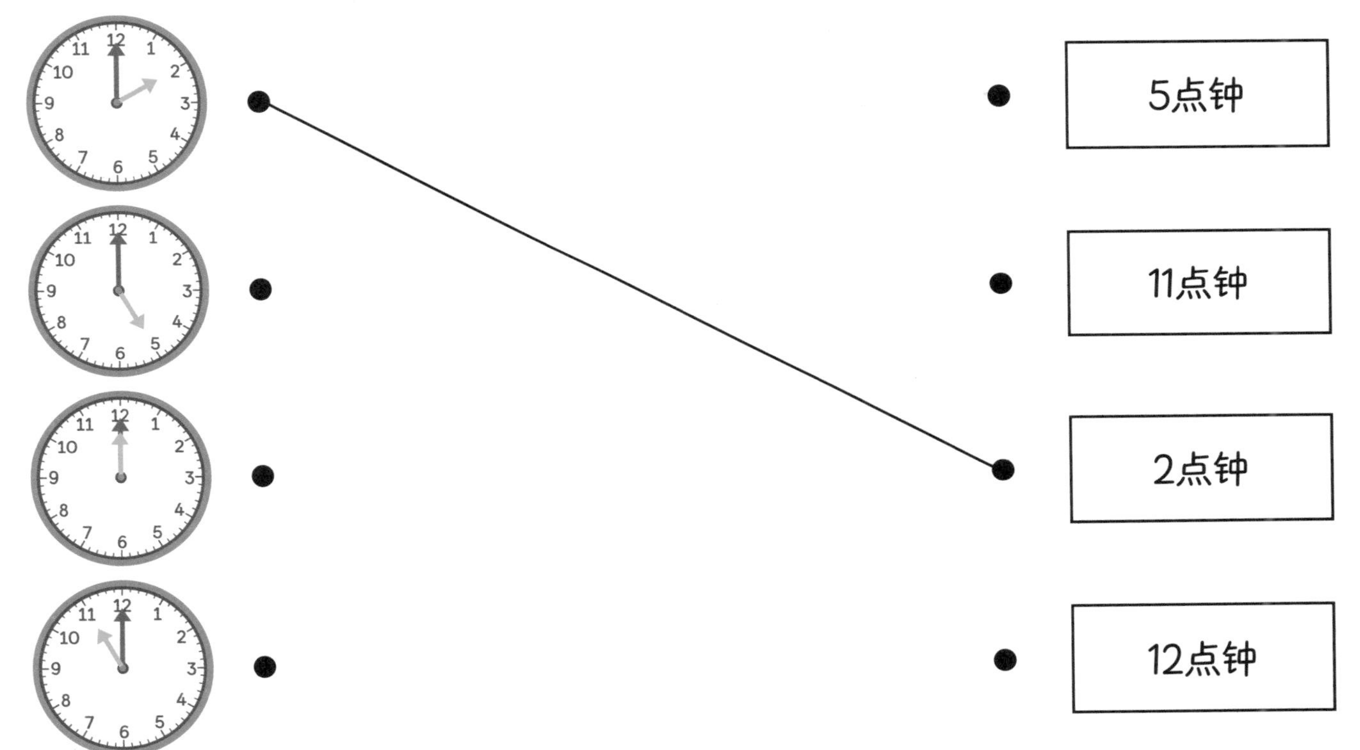

4 用秒、分钟、小时填空。

(1) 我家到学校的路程大约是30 ______ 。

(2) 我每天大约睡10 ______ 。

(3) 从我的卧室走到浴室大约需要5 ______ 。

5 艾略特在星期天做了这些事情。

  起床

  打扫房间

  踢足球

  和家人出去游玩

(1) 艾略特在  做了什么？ 

(2) 艾略特起床后做了什么？ 

(3) 艾略特在和家人出去游玩前做了什么？ 

(4) 艾略特在  点打扫了他的房间。

6 根据时间，在钟表上画出指针。

(1) 
2点钟

(2) 
6点钟

(3) 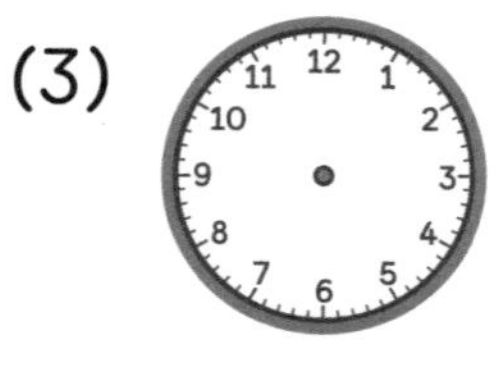
8:30

(4) 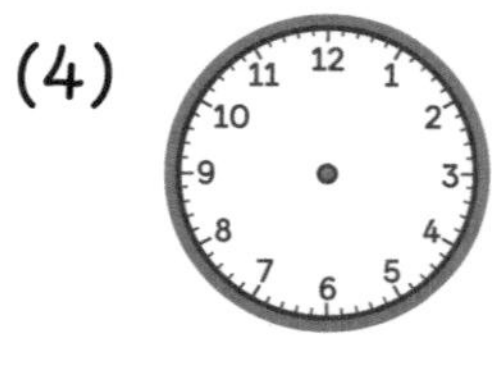
1:30

7 1个 代表1个计量单位。

金鱼缸的容积是 □ 个计量单位。

8 1块 代表1个计量单位。

遥控器的重量是 □ 个计量单位。

参考答案

第 5 页　1 (1) 高，矮。(2) 房子3，房子1，房子2。
2 (1) 高。 (2) 矮。 (3) 矮。 (4) 高。 (5) 矮。

第 7 页　1 (1)　(2)　2 (1)　(2)　3 螺丝钉，薄荷糖，手表

第 9 页　1 (1) 4块，(2) 6块，(3) 长。2 4个。

第 11 页　1 8只。2 答案不唯一。3 答案不唯一。

第 13 页　1 (1) 8厘米。(2) 2厘米。(3) 7厘米。(4) 8厘米。2 (1) 12厘米。(2) 3厘米。3 答案不唯一。

第 15 页　1 (1) 他玩了一会儿玩具。(2) 他上床睡觉了。(3) 他看了一会儿故事书。
2 (1) 之前 (2) 之前 (3) 去看电视。

第 17 页　1 1点钟，3点钟，4点钟，5点钟，7点钟、8点钟，9点钟，10点钟，12点钟

2
1点钟　3点钟　4点钟　5点钟　6点钟
7点钟　9点钟　10点钟　12点钟

第 19 页　1 10:30, 12:30, 1:30, 4:30, 7:30。
2

9点半　12点半　2点半　5点半　6点半

第 21 页　1 分钟。2 小时。3 秒。4 分钟。5 小时。

第 23 页　1 (1) 快。 (2) 慢。 (3) 快。 (4) 晚。 (5) 早。 2 答案不唯一。

第 25 页　1 一月。 2 12。 3 夏季，冬季。 4 六月，七月和八月。 5 七月。 6 十二月

第 27 页　1 (1) 7。(2) 星期六、星期日。(3) 星期五。(4) 星期一。(5) 5。2 4。

第 31 页　1 绿色。2 100元。3 1元。

第 33 页　1 (1) 2，1。1，2。 (2) 5。3。

2 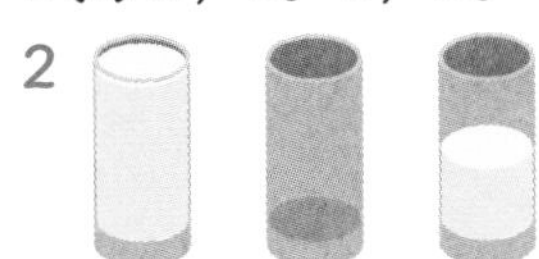

第 35 页　1 (1) 6， (2) 5。 2 答案不唯一。

第 37 页　1 $\frac{1}{2}$。 2 $\frac{1}{4}$。 3 $\frac{1}{2}$。

第 39 页　1

花
轻

卡车
重

硬币
轻

眼镜
轻

大象
重

铅笔
轻

2 (1) 芒果比橙子重。 (2) 玩具汽车比玩具大象轻。

第 41 页　1 4。 2 2。 3 2。

第 42 页　1 (1) 最低。 (2)最高。 (3) 高。 (4) 低。 2 (1) 5。

第 43 页　(2) 7。

3

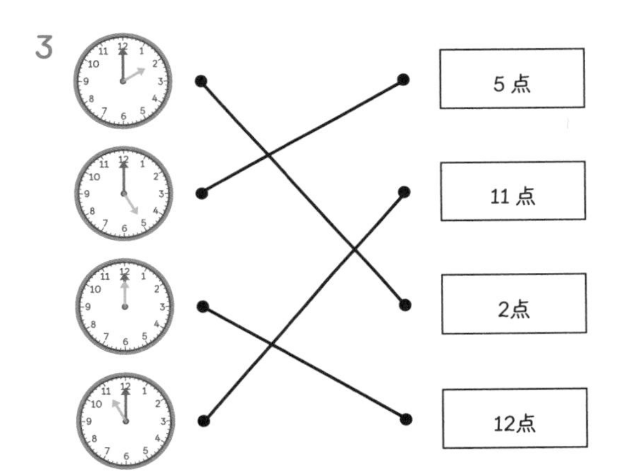

4 (1) 分钟。(2) 小时。(3) 秒。

第 44 页　5 (1) 踢足球。(2) 打扫房间。(3) 踢足球。(4) 10:30。

6 (1) (2) (3) (4)

2点钟　6点钟　8:30　1:30

第 45 页　78。
　　　　　83。